Sommes-nous seuls dans l'Univers ? By Louise Vercors, Arthur Junier © 2020, La
Martinière Jeunesse, une marque des Éditions de La Martinière, 57 rue Gaston Tessier,
75019 Paris Chinese (Simplified Characters) Translation rights arranged through Wu Juan of
Wubenshu Children's Books Agency
译文版权归荣信文化所有。

图书在版编目（CIP）数据

寻找外星人 ：我们是宇宙中的唯一吗？ /（法）露
易丝·韦科尔文 ；（法）阿蒂尔·朱尼耶图 ；孙莹资译
. -- 兰州 ：甘肃少年儿童出版社，2022.5
ISBN 978-7-5422-6555-5

Ⅰ．①寻… Ⅱ．①露… ②阿… ③孙… Ⅲ．①宇宙－
儿童读物 Ⅳ．①P159-49

中国版本图书馆CIP数据核字（2022）第046719号

甘肃省版权局著作权合同登记号：甘字 26-2022-0001号

寻找外星人 我们是宇宙中的唯一吗？
XUNZHAO WAIXINGREN WOMEN SHI YUZHOU ZHONG DE WEIYI MA ?

［法］露易丝·韦科尔 文 ［法］阿蒂尔·朱尼耶 图 孙莹资 译

图书策划 孙肇志	**责任编辑** 杨 昀
策划编辑 杨 明	**校 对** 马亚兰
特约编辑 张晓红	**美术编辑** 张 延
封面设计 杨晓庆	

出版发行 甘肃少年儿童出版社
地址 兰州市读者大道568号
印刷 上海中华印刷有限公司
开本 889mm×1194mm 1/12 **印张** 4
版次 2022年5月第1版
印次 2022年5月第1次印刷
书号 ISBN 978-7-5422-6555-5
审图号 GS（2022）1405号
定价 58.00元

出品策划 荣信教育文化产业发展股份有限公司
网址 www.lelequ.com **电话** 400-848-8788
乐乐趣品牌归荣信教育文化产业发展股份有限公司独家拥有
版权所有 翻印必究

寻找外星人

我们是宇宙中的唯一吗？

[法]露易丝·韦科尔 文

[法]阿蒂尔·朱尼耶 图

孙莹资 译

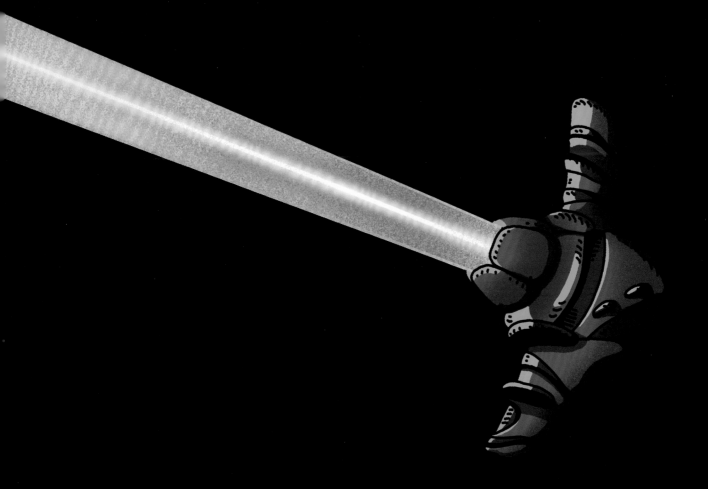

 乐乐趣

甘肃少儿童出版社

宇宙

在浩瀚无垠的宇宙中，遍布着无数大小不一的星体，当我们抬头仰望星空时，看到的只是宇宙的冰山一角……

宇宙

在约138亿年前的一场超级大爆炸中，宇宙诞生。根据哈勃空间望远镜的观测结果，科学家推测宇宙中至少有20 000亿个星系，其中就包含地球所在的银河系，而每一个星系中又包含数千亿颗恒星。尽管宇宙中的星系数量大得惊人，但宇宙仍然显得空荡荡的，因为大量看不见的暗物质与暗能量占据了约95%的宇宙空间。换句话说，宇宙中只有约5%的空间是可见的。

星系

星系是一个由无数恒星和星际物质及暗物质组成的庞大系统。有研究认为，最古老的星系诞生于约130亿年前，但天文学界对这一说法一直存在争论，至今还没有定论。哈勃星系分类法将星系分为椭圆星系、旋涡星系、棒旋星系、透镜星系和不规则星系，我们的银河系就属于棒旋星系。

银河系

银河系是圆盘状的，新的研究发现它的外盘处逐渐向上或向下卷起，整体形状可能像薯片一样，天文学家称这种形状为"翘曲"。银河系中大约有2 000亿～4 000亿颗恒星，靠近银河系中心的恒星远远多于外围的恒星，且靠近中心的恒星的年龄一般都比较大，它们周围一般环绕着数量不等的行星。因此，银河系中的行星数不胜数，有些行星很可能拥有适合生命生存的理想条件。另外请注意，银河系只是宇宙众多星系中的一个！

宇宙年历

美国天文学家卡尔·萨根曾编制了一份宇宙年历：假设宇宙大爆炸发生在1月1日，那么银河系诞生于5月1日，太阳系诞生于9月9日，恐龙诞生于12月24日，而第一批现代智人出现在12月31日晚上10点30分。

太阳系

在太阳系中，太阳就像一块炽热的磁铁，吸引着八大行星和数不清的小天体不知疲倦地围绕它运转……

八大行星

太阳位于太阳系的中心，距离银河系的中心——银心约26 600光年。八大行星围着太阳运转，按照距太阳由近及远的次序分别是水星、金星、地球、火星、木星、土星、天王星、海王星，其中前4颗叫作岩质行星或类地行星，后4颗叫作气态行星或类木行星。

能量之源——太阳

太阳诞生于约46亿年前。与银河系中的其他恒星相比，太阳显得很普通，它的质量算不上很大，发出的光也不是很亮。科学家推测太阳能持续发光发热约100亿年，在这期间，它会一直为地球上的生命提供能量。

岩质行星和气态行星

岩质行星的表面都是固态的岩石，与气态行星相比，它们的体积和质量都比较小。八大行星中的4颗岩质行星中，只有地球适合人类居住，因为距太阳较近的水星和金星的表面温度太高，而我们熟悉的火星的表面不仅大气稀薄，而且温度很低。气态行星主要由巨大的旋转气团和气团中心较小的岩石内核组成。太阳系中最大的气态行星是木星，它的体积大约是地球的1 300倍。目前，宇宙飞船还无法直接登陆气态行星，只能从它们的旁边飞过或围绕它们飞行。

行星的"芭蕾"

八大行星始终沿着固定的轨道围绕太阳运行，而其中一些行星的周围又围绕着一些卫星，例如月球是绕着地球运行的一颗卫星。行星距太阳越远，公转周期（绕太阳运行一周的时间）就越长，例如地球的公转周期是1年，而八大行星中距太阳最远的海王星的公转周期约为165年。

不可或缺的生命元素

生命元素是指构成生命基本物质的碳、氢、氧、氮等元素。这些元素本身并不是生命，它们通过化学作用产生多种有机物和生物分子，进而构成生命的基础组成物质，比如氨基酸、核酸等。

"完美"的星球

地球是茫茫宇宙中一颗美丽的蓝色星球，也是太阳系中目前所知的唯一存在生命的行星。

蓝色星球的历史

地球形成于大约46亿年前。据科学家推测，起初，地球是一个滚烫的火球，火山频繁爆发，地球表面覆盖着岩浆海洋；之后，地球温度逐渐下降，大气中的水蒸气凝结成厚重的云层，降下倾盆大雨，地球表面逐渐形成了原始海洋。随着气候环境的不断演化，大约40亿年前，海洋中诞生了第一批微小的生命。

孕育生命的水

从太空中看到的地球为什么是蓝色的？因为地球表面有约71%的面积被海洋覆盖着。在太阳系的八大行星中，只有地球的表面拥有由液态水组成的海洋，而液态水是孕育生命不可缺少的条件之一。在太阳系的其他行星上也存在着地下水或固态水（也就是冰）。太空探测器观测到，木星和土星的多个卫星都显示出其内部含有液态水的迹象，但这并不能说明这些星球上存在生命。

包裹地球的"棉衣"

如果没有水，地球上就不会有生命，没有大气层同样也不会有生命。地球大气层由氮气、氧气等多种成分构成，厚度大约为1000千米。它像一件棉衣一样包裹着地球，为地球提供了稳定的气温环境。地球如果离太阳再近一些或再远一些，都不会拥有如此合适的大气层。得益于大气层及地球与太阳之间的完美距离，地球表面的平均气温是15摄氏度，这为生命的繁衍生息提供了合适的温度。

探索神秘的太空

从古至今，深邃的夜空总是能带给诗人无限遐想，而神秘的太空也牵动着科学家的好奇心。宇宙中是否存在其他生命？如果存在，他们是否正注视着我们？

地球是宇宙的中心？

在发明天文望远镜之前，人们只能通过肉眼观察天空，但也发现了很多有趣的天文现象，比如流星雨、日食和月食等。约公元前550年，古希腊学者阿那克西曼德提出了一个大胆的设想：宇宙就像一个球体，地球是位于宇宙中心的一个圆柱体，一直保持着静止状态，其他天体都围绕着地球运转。

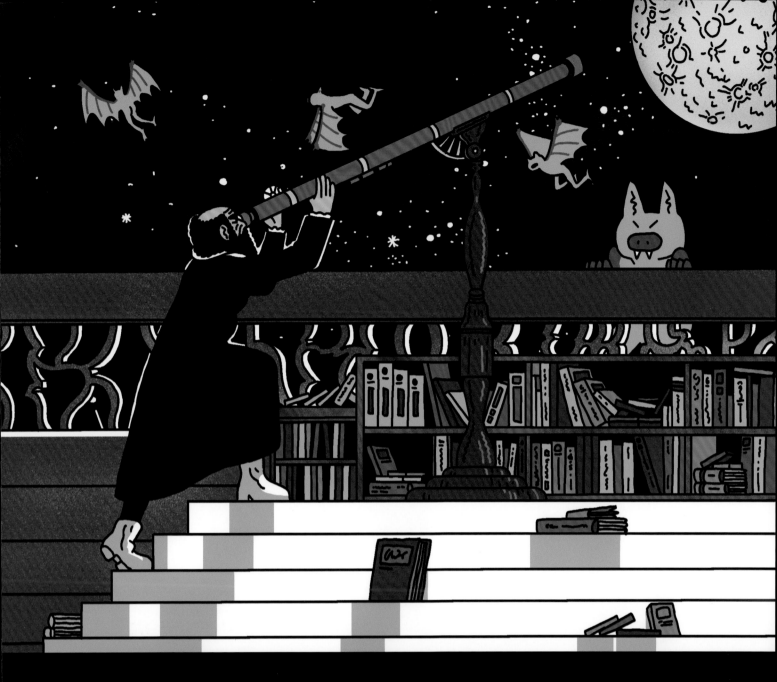

太阳是宇宙的中心？

1543年，哥白尼的《天体运行论》出版。在这本书中，哥白尼提出太阳是宇宙的中心，地球和其他行星都围绕太阳运转。这一理论便是具有革命性意义的"日心说"。他还提出地球在围绕太阳运转的同时进行自转，自转一周的时间是1天。后来，德国天文学家开普勒继承了哥白尼的学说，提出行星围绕太阳运行的轨道是椭圆形的，并且认为月球上有生命存在。

月球上的萨琳娜人

1609年，伽利略发明了天文望远镜，开启了人类探索宇宙的新篇章。两个世纪后，弗兰兹·冯·波拉·格鲁依图依森再次提出月球上有生命存在，并宣称他看见了"月球人"的城市。虽然格鲁依图依森的说法并不可信，但人们对月球上的生命从未停止想象。1902年，在科幻电影《月球旅行记》中，月球上的生命被称为萨琳娜人，他们有着圆鼓鼓的脑袋，像人类一样用双足行走。

寻找宜居星球

随着时代的发展和科技的进步，太空中的一些谜团被逐渐解开了。比如，牛顿解释了月球围绕地球运转和行星围绕太阳运转的原因——引力作用；哈勃证实了银河系以外存在河外星系，并提出了宇宙在不断膨胀的理论。随着科学家对宇宙研究的深入，越来越多的人相信宇宙中存在其他生命，或者存在与地球一样适合生命生存的星球。自20世纪70年代起，一些天文项目开始将关注点聚焦到寻找适合人类居住的其他星球上来。

"火星运河"

　　1877年，一位叫乔范尼·弗吉尼奥·夏帕雷利的意大利天文学家透过望远镜，观测到火星表面布满了纵横交错的网状结构。他在自己的论文中用"canali"（河道）一词描述这些网状结构。但意大利语中的"河道"在翻译成英语时被翻译成了"canal"（运河）。由于当时埃及的苏伊士运河开通没多久，于是很多人猜测既然火星上有运河，那么就意味着火星上有像人类一样的智慧生命，因为运河是一项了不起的人工工程。"火星运河"的发现点燃了作家们天马行空的想象力，例如赫伯特·乔治·威尔斯创作的《星际战争》就讲述了一个关于火星人入侵地球的故事。

火星表面没有生命

　　后来，科学家证实火星表面不可能存在生命：火星上的大气层十分稀薄，没有可以阻挡太阳紫外线的臭氧层，而且火星表面的昼夜温差很大，最重要的是火星表面没有液态水，只有在两极地区或地下深处存在固态的冰。数十亿年前的火星上也许有生命存在，但现在已经没有了，或者说至少表面上没有了。

继续寻找

　　如今，人们不再执着于探究是否存在火星人，而是致力于寻找火星上的生命迹象。自20世纪60年代起至今，各国发射的火星探测器已经有40多个。1976年，"维京1号"和"维京2号"探测器先后降落在火星上，向地球传回了火星表面的照片。1997年，"旅居者号"探测器来到火星，勘探火星上的土壤和岩石。2021年，阿联酋的"希望号"环绕器抵达火星轨道，美国的"毅力号"火星车和中国的"祝融号"火星车也分别登陆火星，开启了新的火星探测任务。现在，人类的目标是追溯火星的历史，了解数十亿年前的火星及其演化历程。如果我们在火星上找到了生命，那就证明地球不是宇宙中唯一存在生命的星球。

战神Mars

　　古代西方人敬畏这颗红色星球，可能是因为它那火焰和鲜血般的颜色。于是人们以古罗马神话中战神Mars的名字为它命名。

探索系外行星

近年来，对系外行星的研究已经成为一个热门话题。或许有一天，人类可以飞出太阳系，找到一颗新"地球"。

什么是系外行星？

"系外行星"的"外"是指太阳系以外。1995年以来，截至2021年底，人类已经发现了超过4 000颗系外行星。它们各不相同：一些是气态行星，围绕着母恒星运转；一些围绕着两颗恒星运转；还有一些不围绕任何恒星运转，独自在太空中流浪。在这些系外行星中，不乏与地球体积相近的行星，而且它们与母恒星的距离适中，也就是说表面温度既不太低也不太高。

飞马座51b

1995年，天文学家发现了一颗系外行星——飞马座51b，引起了巨大轰动。飞马座51b是人类发现的第一颗围绕类似太阳的恒星运转的系外行星，这颗行星及其母恒星的发现表明，太阳和地球在宇宙中并不是独一无二的。飞马座51b距离地球约50.9光年，质量约是木星的一半，表面温度高达1 000摄氏度，由于它的表面温度过高，并不适合生命生存。

筛选"最佳"系外行星

如果要选出一颗适合人类居住的系外行星，那么这颗系外行星至少要满足以下3个条件：

▷ 是类地行星且体积适中，表面有液态水；

▷ 离母恒星的远近适中；

▷ 离地球足够近，以便天文望远镜能观测到它。

根据这3个条件，绝大多数系外行星都被排除掉了，因为它们要么不是类地行星，要么距母恒星太近或者太远。经过多年的观测，天文学家筛选出12颗与地球比较相似且位于宜居带上的系外行星。接下来，让我们看看其中最有可能存在生命或适合生命生存的6颗行星。

双日落

人们都知道乔治·卢卡斯拍电影很厉害，却没想到他在天文学领域也颇具远见。在1977年上映的第一部《星球大战》中，塔图因星球围绕着两颗恒星运转。但直到2011年，科学家才发现一颗围绕两颗恒星运转的系外行星——开普勒-16b，这也证实了乔治·卢卡斯电影中的双日落是真实存在的。

六大希望之星

适合生命生存的6颗系外行星都有哪些?

比邻星b

发现时间: 2016年

距离地球: 4.2光年(约为40万亿千米)。目前,前往比邻星b的最快方法可能是借助斯蒂芬·霍金和尤里·米尔纳推出的"突破摄星"计划:发射可以加速到光速的20%的纳米飞行器飞往比邻星b。按照这一计划,纳米飞行器需要大约20年就能到达比邻星b,但这个计划可能得再过几十年才能实现。

母恒星: 半人马座的比邻星,是一颗红矮星。

特征: 新的研究表明,比邻星b很可能被潮汐锁定(始终以同一面朝向母恒星),表面存在液态水的可能性较大。如果存在液态水,那么一切皆有可能!

TRAPPIST-1e

发现时间: 2017年,由智利的小型望远镜TRAPPIST发现。

距离地球: 40光年(约为378万亿千米)。即使是时速可达51 000千米的探测器,到达该行星系也至少需要约84.6万年。

母恒星: TRAPPIST-1。这是一颗比木星略大的红矮星,表面温度和亮度都很低。红矮星在银河系中非常普遍,周围通常会存在岩质行星。

特征: TRAPPIST-1e是围绕

TRAPPIST-1运行的7颗行星中的第4颗,大小与地球相近,接收的光与地球所接收的太阳光差不多。

TRAPPIST-1f

发现时间: 2017年

距离地球: 40光年(约为378万亿千米)

母恒星: TRAPPIST-1

特征: 质量比地球的质量略大,它与TRAPPIST-1e和TRAPPIST-1g相距不远。由于被潮汐锁定,它背对母恒星的一面一直是又黑又冷的夜晚,朝向母恒星的一面则是又亮又热的白昼,而始终处于白昼的这一面可能存在液态水。

TRAPPIST-1g

发现时间: 2017年

距离地球: 40光年(约为378万亿千米)

母恒星: TRAPPIST-1

特征: 它是TRAPPIST-1星系中最大的一颗行星,科学家猜测它的表面可能被广阔的海洋所覆盖。

罗斯128b

发现时间： 2017年

距离地球： 11光年（约为104万亿千米）

母恒星： 罗斯128，是一颗红矮星。

特征： 这颗岩质行星是一个气候温和的星球，表面温度据估计在零下60摄氏度到20摄氏度之间，表面可能存在液态水。它的运转轨道离母恒星非常近，公转一周只需要10天左右（地球公转一周需要1年）。

LHS1140b

发现时间： 2017年

距离地球： 39光年（约为369万亿千米）

母恒星： LHS1140，是一颗红矮星。

特征： 这颗岩质行星的质量约是地球的6.6倍，绕母恒星公转一周的时间是25天左右。它的表面很可能有大气层和液态水，科学家都对它寄予厚望。

怎么给行星起名字？

上面这些行星的名字中为什么都有字母或数字呢？当科学家发现一颗恒星时，往往会以发现者或相关研究者的名字为其命名，或者以观测到这颗恒星的望远镜设备的名字来命名。系外行星的命名方式一般是按照发现顺序，或者按照距离母恒星由近到远的顺序，在其母恒星的名字后面加上一个字母，一般从字母"b"开始算（字母"a"代表母恒星，一般不在母恒星的名字中出现），接着是字母"c"，依次类推。

系外行星的追踪者

在各类天文望远镜的帮助下，宇宙的神秘面纱正在被一点点揭开。观测宇宙的技术发展得如此之快，更多惊喜等待着天文学家去发现！

地基望远镜

地基望远镜是建造在地面上的天文望远镜，具有体形巨大、功能强大、便于保养等特点。在众多地基望远镜中，坐落于夏威夷岛的日本斯巴鲁望远镜捕捉着系外行星的影像；位于智利的阿塔卡马沙漠的欧洲甚大望远镜（Very Large Telescope）采用超高性能的光学系统，拍出的照片比用哈勃空间望远镜拍出的更清晰、精确。预计到2027年，欧洲极大望远镜（Extremely Large Telescope）将建成，并和欧洲甚大望远镜一起寻找可能存在生命迹象的系外行星。

空间望远镜

空间望远镜是被发射到地球大气层之外的天文望远镜，体形较小，维修困难。哈勃空间望远镜发射于1990年，它帮助天文学家测定了宇宙的年龄，发现了最古老的星系等。詹姆斯·韦布空间望远镜于2021年12月25日在法属圭亚那航天发射中心发射升空，它将利用红外线深入观测太空，继续探索早期宇宙和宇宙中的神秘物质。不过，活跃于2009年—2018年的开普勒空间望远镜也功不可没，它能用一种特殊的光度测量技术，探测到系外行星从其母恒星前方经过时，母恒星光线略微变暗的情况。通过这种方法，开普勒空间望远镜找到了2 600多颗系外行星。当然，这一切都是为了一个目标：寻找可能存在生命或适合生命生存的系外行星。

"先驱者10号"
探测器携带的金属板

你好外星人，这里是地球！

天文学家的工作不仅仅是观测宇宙，还有聆听宇宙。然而，自人类探索太空开始，从宇宙中传回来的永远是一片寂静。

地球寄出的信

1969年7月，人类首次在月球上留下"礼物"——一块金属纪念板。这块纪念板上刻有地球的图像、一句话，以及美国时任总统尼克松和两名宇航员的签名。后来，人类通过太空探测器向太空发送了一些其他的"礼物"，比如一张送给外星人的展现人类文明的唱片。现在，这些载着"礼物"的太空探测器已经远离地球数亿千米甚至更远。

聆听宇宙

早在20世纪60年代，SETI（搜寻地外文明）计划的研究人员就利用射电望远镜来聆听宇宙。射电望远镜可以收集到来自宇宙的无线电波，而无线电波则可以进行"长途旅行"，并且无惧宇宙中的尘埃，因此，天文学家很看好射电望远镜。但自20世纪60年代以来，从银河系中传来的始终是一片寂静。出现这种情况的原因有很多，比如信号正在以光速传送但一直没被人类捕捉到等。

发射信号

除了聆听宇宙，一些天文学家也尝试向宇宙发送信号，这一计划被称为METI（向地外文明发送信号）计划。然而，这些信号都石沉大海。2008年，人类朝距离地球约434光年外的北极星发射了一条信号。载有该信号的无线电波预计将在2439年到达那里。2017年，人类连续3天朝距离地球约12.4光年的系外行星GJ273b发射了一批信号。这批信号采用的是复杂的"宇宙语言"，总之大部分地球人都听不懂！

全人类共同决定？

"聆听宇宙，可以，但是发射信号，不行！"SETI的天文学家如是说。包括斯蒂芬·霍金在内的一些科学家认为，向宇宙发射无线电信号会暴露地球的位置，人类很可能被科技更先进、不知是敌是友的高级外星文明发现。也有一些人提出，是否向宇宙发射信号应该由全人类投票决定，而不能只由科学家做主。

罗斯128发来的信号

2017年5月，波多黎各阿雷西博天文台的天文学家发现了来自恒星罗斯128附近的无线电信号。难道是外星人试图与我们取得联系吗？事后看来，这更像是人造卫星发出的信号，不过谜底到现在还没有被完全揭开……

外星人在哪儿？

在古老而浩瀚的宇宙中，遍布着数以万亿计的星系，但为何从来没有外星人造访地球呢？

费米悖论：外星人去哪儿了？

1950年，著名物理学家、第一台核反应堆的设计师、诺贝尔物理学奖得主恩利克·费米表示，如果地外文明中的任何一个文明曾试图殖民银河系，或者外星人在人类出现之前就曾经进入银河系，那么整个银河系早该遍布外星人留下的痕迹。然而迄今为止，人类从未发现外星人的踪迹。这就是所谓的"费米悖论"。

为什么没有人见过外星人？

如果外星人真的存在，而人类还未见过他们的原因可能有以下几点：

▷ 在1995年发现系外行星之前，人类都没找对地方。

▷ 外星人和我们太不一样了。我们一直认为生命离不开液态水，从而忽略了生命通过其他化学机制存在的可能性。

▷ 地球上存在外星生命，只是还没被我们认出来。比如1984年，科学家在一块火星陨石中发现了类似细菌化石的矿物颗粒（这在科学界一直是一个极具争议的发现）。

▷ 外星人住得太远了。如果他们在距离地球10万光年以外，我们就无法联络到他们。

▷ 外星人无法或不想发出信号。斯蒂芬·霍金曾在2010年说过："如果外星人拜访我们，我认为结果可能与克里斯托弗·哥伦布当年踏足美洲大陆类似，那对当地印第安人来说不是什么好事。"

▷ 外星人还没诞生。宇宙已经有约138亿年的历史，但还算年轻，这意味着很可能有超过90%的类地行星还没有诞生。

▷ 外星人已经灭绝了。

德雷克公式

1961年，美国天文学家弗兰克·德雷克提出了用来估算银河系中地外文明数量的公式。50年后，法国天文学家依据德雷克公式计算出，在银河系中，平均每颗恒星伴有1.6颗行星，而整个银河系至少有2 000亿颗恒星，这就产生了至少3 200亿颗行星。如果这些行星中的千分之一位于母恒星的宜居带上（距离母恒星既不太近也不太远），那么天文学家只要再计算出宜居带上的行星能够演化出生命的概率，就能够估算出可能存在生命的行星数量了。银河系中也许存在其他生命，但是否存在能够与人类进行交流的高级文明，我们还不得而知。

成千上万的飞碟

1947年6月，美国上空出现了"像打水漂时在水面弹跳的石子一样"的奇异飞行物。从那以后，有关不明飞行物的目击报告层出不穷。

飞碟的科学名称是UFO（不明飞行物）。我们通常把飞碟想象得像盘子一样，但其实飞碟也可能是其他形状的，比如鱼雷状、球状、蛋状，以及一些很难形容的形状。白天，飞碟可能是白色或灰色的，晚上可能会发出闪耀的红色光芒。

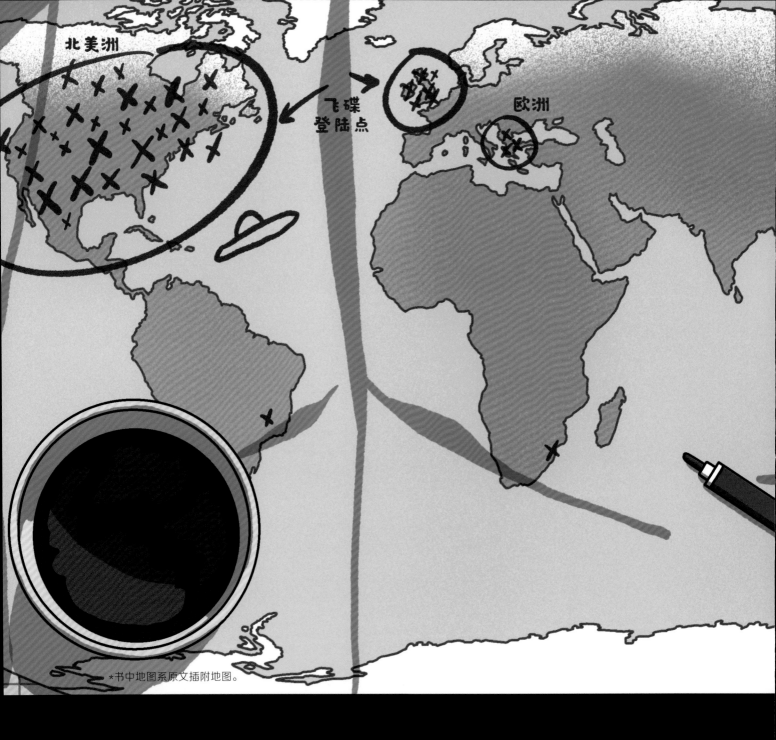

*书中地图系原文插附地图。

外星人来访　　　抓捕地球人

发现飞碟

　　1947年6月24日，美国飞行员肯尼斯·阿诺德信誓旦旦地表示，他驾驶飞机穿越华盛顿州的喀斯喀特山脉时，看到了9个新月形的闪光飞行物，它们像碟子一样，因此著名的"飞碟"一词就此诞生。接下来的几个月里，报纸刊登了很多飞碟目击事件，其中就包括1947年7月的罗斯威尔飞碟坠毁事件（见36页）。

了解飞碟

　　有关飞碟的报告或影像总能引发出种种猜测，但这些猜测通常都不可信。在2007年至2012年间，美国五角大楼每年要花费约2 200亿美元来研究飞碟。美国政府也表示，这项支出是为了让人们对飞碟有更多了解。

飞碟根本不存在？

　　为什么飞碟只在春季或夏季的晴朗夜晚出现？为什么人们在白天看不到它们？原因很简单：人们看到的所谓的飞碟很可能是间谍飞机、携带科学仪器的探空气球，或者是孔明灯、小陨石、夜光云等，飞碟也许根本就不存在！

外星人被拍成电影啦！

自20世纪初以来，电影工作者从未停止对外星人的想象。

银幕上的外星人入侵

肯尼斯·阿诺德对飞碟的描述很快引起了好莱坞的电影公司的注意，这些公司从中获得了创作灵感。在随后上映的一些科幻电影中，外星人入侵地球，威胁着人类的生命。但这些外星人并不是随便找地方登陆，而是只"钟情"于美国。

外星人的飞行器为什么是飞碟？

在大多数科幻电影中，地球人的飞行器看上去并不像碟子，而是科技感十足的宇宙飞船。但当有外星人出现的时候，外星人乘坐的飞行器就是椭圆形的飞碟。这是为什么呢？是因为这样显得更有未来感吗？是因为飞碟与一些人声称看到过的不明飞行物很像吗？还是只是参考了荚状云（一种形状像碟子的云）或土星和天王星的光环的形状？

飞碟来袭

20世纪50年代最受瞩目的科幻电影主要有1951年上映的《地球停转之日》、1956年上映的《飞碟入侵地球》和1959年上映的《外星第九号计划》。这些影片中的飞碟线条流畅，设计简洁，外表看上去很光滑。电影中的外星人总是试图挑起战争，但最终都会被人类打败！

星际战争爆发

从20世纪70年代开始，好莱坞的科幻电影中不再是千篇一律的飞碟，取而代之的是富有想象力的超级技术和星际战争。1977年，乔治·卢卡斯执导的第一部《星球大战》开启了科幻电影的新篇章。在《星球大战》系列电影里，外星人驾驶的宇宙飞船都巨大无比，而且形状各异。1996年上映的电影《独立日》里的特效十分逼真，仿佛外星人真的出现了：巨型飞碟悬浮在都市上空，外星人开始入侵地球……

外星人
长什么样？

这可太考验我们的想象力了！从来没有人见过外星人，因此我们通常把外星人想象成跟人类或动物相似的模样。

外星人有时候会隐身，他们大多数时候看起来像人类或动物。像动物的外星人形象里最具代表性的是类似昆虫、爬行动物、甲壳类动物和软体动物的模样，还有一些像长着很多触角的杂交动物。在人类的想象中，大部分外星人跟人类的关系并不是很融洽。

罗斯威尔飞碟坠毁事件

据报道，1947年7月4日，一个载有外星人的神秘飞碟坠毁在美国新墨西哥州的罗斯威尔小镇附近。罗斯威尔飞碟坠毁事件就此迷云迭生！

1947年

7月4日夜晚，罗斯威尔的一个农场主听到了一声巨响，第二天，他在农场附近发现了一些奇怪的金属碎片。在随后的报道中，美国军方宣称这些碎片来自坠毁的外星飞碟，但很快又否认了这一说法，说坠落的不明物体只是一个带着雷达反应器的探空气球。不久，流言归于平静。

1980年

《罗斯威尔事件》一书出版，书中记录了一些所谓的目击者证词，这件事再度被引爆。

1989年

一位叫鲍勃·拉扎尔的科学家在美国的一档新闻节目中爆料，他曾在内华达州的绝密军事基地51区研究飞碟。拉扎尔的爆料使媒体沸腾了。

有关UFO和外星人的事件集中出现在美苏冷战期间，那是一场笼罩在核武器威胁下的持久对抗。根据一些科幻迷的说法，1945年，在日本爆炸的两颗原子弹引起了外星人对地球的注意。还有一些科幻迷坚信外星人是来摧毁地球的，因为人类已经变得极具危险性，未来可能会威胁到这些外星生物的安全。

1993年—2002年

剧作家克里斯·卡特从有关外星人的报道和传言中获得灵感，创作了《X档案》系列剧。剧中主人公福克斯·穆德的妹妹在他童年时离奇失踪，他认为是外星人绑架了妹妹。为了找出真相，成年后的穆德进入联邦调查局工作，专注于调查各种神秘案件。

1994年

美国空军的一位负责人再次表示，47年前在罗斯威尔发现的金属碎片其实是探空气球的碎片，同时透露这一装置与当时的一项绝密军事试验有关。

1995年

一段拍摄于1947年的解剖外星人尸体的录像被公之于众，随即引起了全世界的轰动。多年后，这段录像被证实是一场骗局。

2020年

虽然大多数人相信所谓的罗斯威尔飞碟只是美国发射的一个探空气球，但也有一些人依然相信外星人曾到访过地球。美国内华达州有一条长达157千米的375号公路，被称为"外星人高速公路"，很多人称那里曾出现过UFO和外星人。

2013年

时隔多年，美国政府终于承认了51区的存在。51区是美国政府的秘密测试基地，人们猜测美国军方一直在那里秘密研究外星人的尸体标本和坠毁的神秘飞碟。

1997年

美国政府表示，在罗斯威尔发现的金属碎片其实是用来做飞行试验的装置。

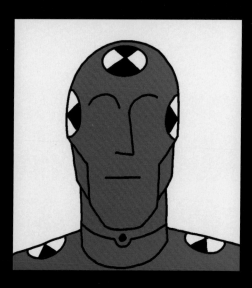

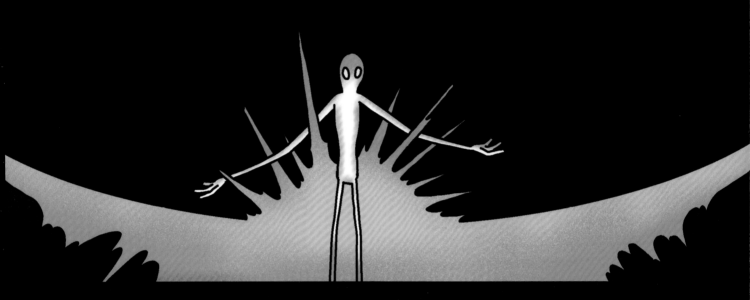

火星人登陆地球？

　　1938年，演员奥森·威尔斯在广播剧《世界大战》中，以播报新闻的形式讲述了一个关于火星人入侵地球的故事。剧中，长相可怕的巨型火星人登陆地球，打算杀掉地球上的所有生物。很快，恐慌之风在误信有火星人入侵的听众间蔓延开来，但这只不过是演员们将改编后的赫伯特·乔治·威尔斯的小说《世界大战》进行了播报而已。

邪恶的
还是善良的？

外星人到底是想要消灭所有地球人的坏人，还是渴望与地球人交流的"和平使者"呢？

外星人是邪恶的？

在很多人的想象当中，外星人并不友好。他们不仅长相丑陋，天生好战，而且拥有高度发达的科技，唯一追求的目标就是毁灭地球。从20世纪50年代开始，很多科幻电影中将外星人刻画成了全人类共同的敌人，无论他们是独自现身，还是成群出现，都会与人类产生冲突，给人类社会带来前所未有的灾难。事实上，这些电影表现出来的人类对外星人的恐惧中，往往隐含着人类对核战争的恐惧。在很大程度上，外星人代表了当代人面临的一种可怕威胁——核武器。比如在有的电影中，通体绿色的外星人长着大大的脑袋、瘦小的身体。他们虽然受到了人类的热情迎接，却以毁灭人类为乐。还有的电影中，大量面目迥异的外星人偷偷来到地球上，对地球展开了破坏。人类似乎不堪一击，但果真如此吗？

外星人是善良的？

从20世纪70年代开始，一些科幻电影不再单一地将外星人塑造成邪恶的侵略者，他们中也有渴望交流的和平主义者，希望与人类建立友谊，共享科技。在一些轻松幽默的科幻电影中，可爱的外星人来到地球上，与一些人类成了朋友，他们共同踏上了一段妙趣横生而又充满温情的冒险之旅。还有一些电影中的外星人与人类长得一样，他们隐藏在人类中，往往拥有特异功能。一旦危险来临，他们就会利用自己的特异功能直面危险，拯救地球。

人类是残暴的？

21世纪以来，一些科幻电影中的外星人与人类发生了角色互换。比如一些失去家园的外星人来到了地球，希望得到人类的庇护。但人类却将他们集中隔离在一个地方，强迫他们劳动，或利用他们做试验。再如，在一些拥有生命的星球上，生活着还没有进化出高级文明的"低能"外星人。人类为了掠夺这些星球的资源，便派出宇宙舰队前去开发这些星球，并与那里的外星人发生了激烈的冲突。这类电影传递的信息很明确：人类为了攫取更多财富不惜破坏其他星球，甚至打算消灭试图反抗的外星人。

"意外相遇"

　　一次袭击过后，城市变成了一片废墟。侥幸逃过这次袭击的艾米莉独自躲在角落里。突然，她的周围出现了亮光，一个半人马星人出现在她面前。艾米莉害怕极了，但这个半人马星人并没有伤害她，而是拿出了一个闪闪发光的红色物体。艾米莉缓缓走上前，他们之间会发生什么故事呢？

半人马星人到访

为什么《半人马星人到访》系列在全球大获成功？请看该剧前三季的剧情提要：

第一季：交流

一艘巨大而神秘的飞船悬浮在地球上空。面对突然出现的外星人，人类的第一感觉是恐惧。飞船里面是半人马星人，从他们可以穿越星际空间就能看出来，他们在科技方面比人类先进。半人马星人发出一些奇怪的信号，似乎是想跟人类进行交流。他们可能通过振动和磁场，或者颜色和图案，抑或其他什么方式交流。我们需要尽快理解他们的语言，将他们传递出的信息破译出来。他们的语言与我们已知的任何一种语言都不一样，这时候翻译软件可派不上用场。被召集过来帮忙的语言学家成功破译了这些奇怪的信号：我们来自距地球约4.2光年之外的系外行星——比邻星b，目的是探索其他星球……

第二季：进攻

人类并不相信这些藏在神秘飞船里的外星人，更不相信他们只是前来寻求交流的，或许他们是来掠取地球资源、消灭人类的。为了防止半人马星人向人类发起攻击，各国政府共同组建了一支联合军队，打算将半人马星人赶出地球。但我们能打赢他们吗？人类的武器根本打不穿半人马星人的飞船。半人马星人展开反击，真正的战争开始了……

第三季：抵抗与远航

由于科技力量相差过于悬殊，人类的军队很快被打败了。半人马星人消灭并俘获了大量的地球人，强迫他们为自己服务。幸存下来的地球人选择继续抵抗，进行秘密的武装斗争。在此期间，一部分半人马星人背叛了自己的族群，转而帮助人类制造超高速的核能火箭，希望人类能帮助他们返回自己的星球，因为他们早已厌倦了漫长的星际航行。在这些半人马星人的帮助下，人类打造了全新的宇宙飞船，科技力量也突飞猛进。一支由各国宇航员组成的探险队登上宇宙飞船，他们会将帮助过人类的半人马星人送回家，同时探索更遥远的太空。很快，人类的宇宙飞船飞出太阳系，历经20年的旅航后登陆了比邻星b……

第四季：敬请期待……

*本剧只存在于作者的脑洞中！

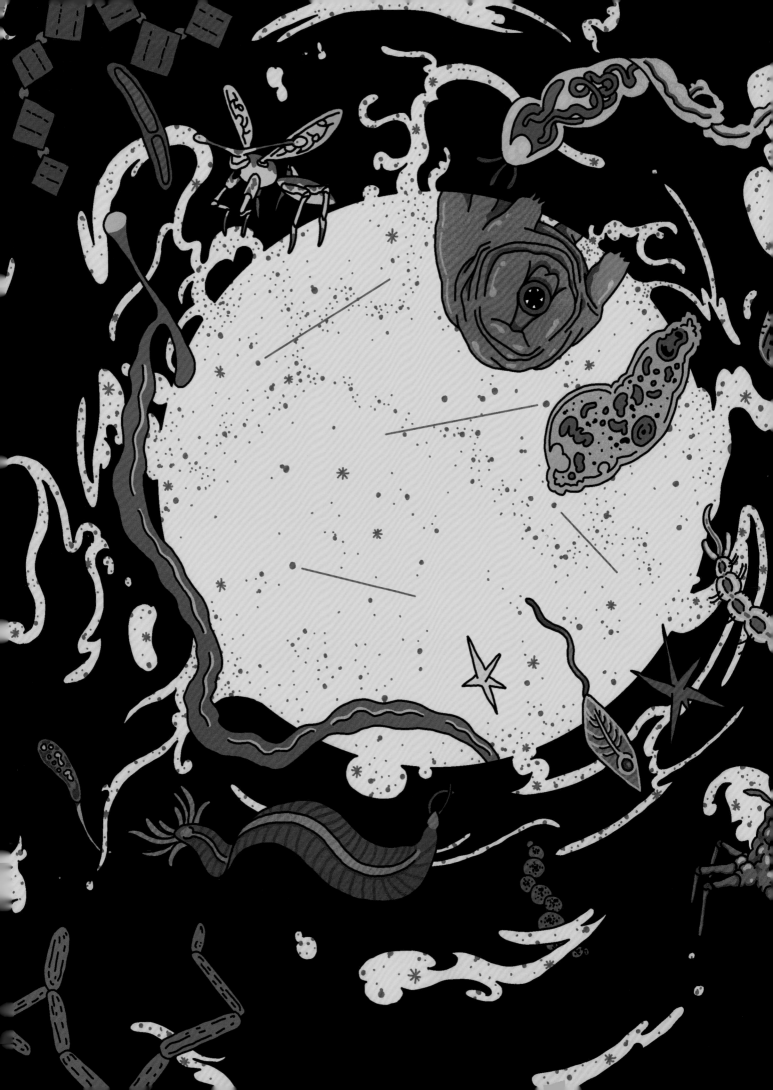

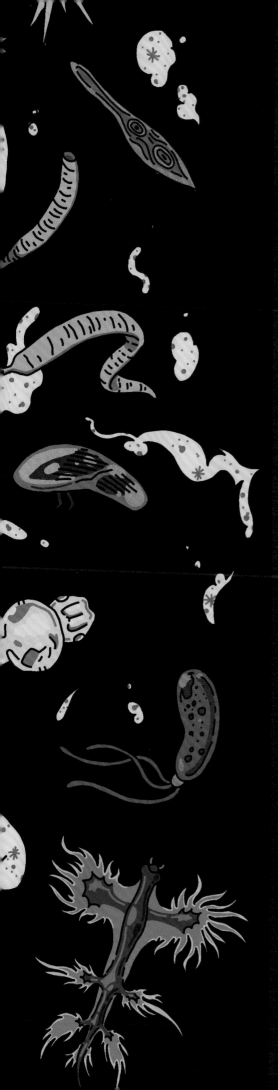

外星人在地球？

在40多亿年前，坠入地球的陨石很可能对生命的形成起到了重要作用。

人类是外星人吗？

当说起鸟类是恐龙的后代时，我们很难相信这个事实。同样，如果说人类是外星人的后代，又有多少人会相信呢？40多亿年前，当陨石坠落在地球上时，陨石中包含的生命所需的各种矿物质也被带到了地球上。因此，我们体内的很多微量元素可能源于太空。但请注意，人类在陨石坠落地球几十亿年后才出现，并经历了一个极其缓慢的进化过程，所以人类的祖先不是外星人，而是与大猩猩和黑猩猩的祖先一样，且人类也是一种哺乳动物。

后续更精彩

地球上超乎想象的生物多样性让生物学家看到了希望：一些适应力惊人的微生物能否存活在火星的地表下面，或者土星和木星的冰海里，抑或是其他宜居的系外行星上？如果人类不是宇宙中唯一的智慧生命，那么这么多系外行星上为什么不会有跟人类高度相似的"邻居"呢？让我们期待后续的太空探索吧！

外星人就在我们中间？

有人说外星人早已殖民地球，并隐藏在地球上监视着我们；有人认为外星人是像细菌一样的单细胞生物；还有人觉得能够抵抗极端气候、抵御X射线和紫外线的照射，且能在真空状态下生存的缓步类动物就是外星人。如果外星人就在我们中间，他们似乎并没有对我们构成威胁。

寻找答案

什么是
UFO学家？

　　UFO学家是指专门研究UFO的科学家，他们以"寻找并研究外星文明，造福全人类"为己任。

什么是
MUFON？

　　MUFON（The Mutual UFO Network）可翻译为"UFO互动网络"，是美国最大的民间飞碟研究组织，由来自世界各国的约4 000名成员组成。这些人致力于研究UFO目击事件及外星人绑架事件。

什么是
GEIPAN？

　　GEIPAN（太空不明现象研究小组）是隶属于法国国家空间研究中心的一个研究小组，主要负责追踪和调查UFO，并对其给出合理解释。比如，在调查过程中，该研究小组发现人们看到的很多所谓的UFO其实是孔明灯。

HTTP://www.wikipedia/article/Aliens...

Ufologues.jpeg

HTTP://MUFON/accueil.com

MUFON

文件 ▸ 图片 ▸ 孔明灯 ▸ 泰晤士

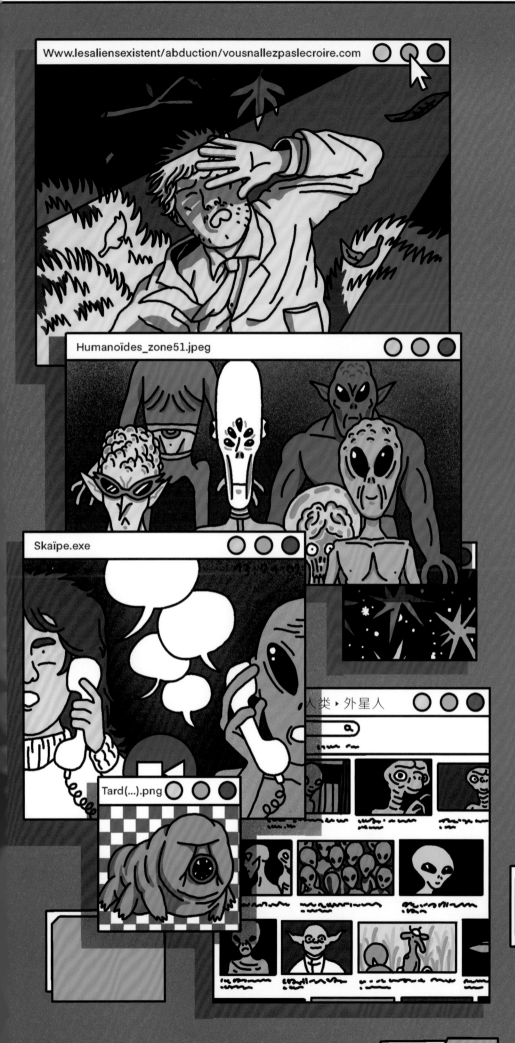

Www.lesaliensexistent/abduction/vousnallezpaslecroire.com

Humanoïdes_zone51.jpeg

Skaïpe.exe

Tard(...).png

人类 ▸ 外星人

什么是"外星人绑架事件"?

"外星人绑架事件"是指人类被地球以外的生物所劫持的事件，这类事件通常无法用科学解释，而且大多都只是传言或猜测。

什么是类人类?

长得类似人类的外星人，比如人们想象中的头大身小的火星人，他们像人类一样用双腿走路，经常穿着一套连体衣。

什么是"外星人接触者"?

20世纪50年代初以来，一些人声称自己遇见过来自外星的生物，甚至被这些生物带到了飞船上。他们被称为"外星人接触者"。

术语表

潮汐锁定

小天体围绕大天体运行时，始终以同一面朝向大天体，这种现象被称为"潮汐锁定"。

地外文明

存在于其他天体上并发展到一定文明程度的智慧生命体在地球以外的领域建立的文明。

光年

天文学中表示距离的单位，指光在真空中1年内所走的距离。1光年大约是94 607亿千米。

哈勃空间望远镜

以美国著名天文学家埃德温·哈勃的名字命名，是发射到地球轨道上的、用来观测宇宙的望远镜。美国在1990年成功发射哈勃空间望远镜。截至目前，它帮助科学家解开了诸多宇宙之谜。

红矮星

是人类目前观测到的质量最小、寿命悠长的一类恒星。银河系中70%的恒星都是红矮星，而天文学家发现的大多数系外行星都围绕着红矮星运行。

母恒星

行星围绕运转的恒星就是该行星的母恒星，比如地球的母恒星是太阳。

天文单位

天文学中表示距离的单位，以地球到太阳的平均距离为一个天文单位。1天文单位大约是1.496亿千米。

卫星

指围绕行星运行的天体，月球就是地球的卫星。大多数行星周围都有数量不等的卫星围绕其运行。

无线电波

一种电磁波，可以在空气和真空中传播，频率范围约是3赫～3 000吉赫，一般通过天线辐射和接收。通信、导航、广播和雷达等领域都会用到无线电波。

星际空间

指恒星与恒星之间的广阔空间。

宜居带

一段环绕恒星的特定轨道范围。在这一范围内，行星与母恒星之间的距离适中，行星表面能够存在液态水，存在生命的可能性较大。

陨石

来自太空的石质、铁质或石铁混合物质，因脱离原有运行轨道而坠落在地球上。

自转和公转

天体围绕着自己的轴心转动叫作自转，绕着另一颗天体运行叫作公转。地球自转一周的时间是1天，公转一周的时间是1年。